郎港澳镜头下的迪奥
PHOTOGRAPHIC ESSAY ON DIOR BY GANGAO LANG

2

克里斯汀·迪奥，梦之设计师
CHRISTIAN DIOR DESIGNER OF DREAMS

上海人民美術出版社　Artron Books 雅昌艺术图书

“克里斯汀·迪奥，梦之设计师”上海展览开幕之际，迪奥公司邀请摄影师郎港澳进行创作，以她镜头下的图像对迪奥公司自一九四七年至今创作的高级订制时装进行重新诠释。这位二十二岁的中国艺术家是上海视觉艺术学院的学生，在法国二〇一九年阿尔勒国际摄影节上获得了“迪奥新秀摄影奖”。

在这个与品牌的合作项目中，摄影师拍摄的一系列照片深刻揭示了克里斯汀·迪奥及其继任者设计的许多裙装的结构，照片见证了她对艺术怀有的无穷热情。她的作品身上体现出概念性极强而且对比强烈的风格，向迪奥品牌的精湛工艺和高超创造力都表达了至高无上的敬意。

每一件裙装都独一无二，其色彩、面料和结构都在郎港澳的镜头下表露无遗，美超越了纯粹视觉维度，成为放之四海皆准的语言。迪奥的文化遗产通过这位年轻女性独特的视角全方位地展示自己。她为新一代的艺术家做出了振聋发聩的成功代言。

On the occasion of the exhibition *Christian Dior Designer of Dreams* in Shanghai, the House of Dior gave carte blanche to the Chinese artist Gangao Lang to reinterpret its haute-couture creations, from 1947 to the present, in images. A 22-year-old student at the Shanghai Institute of Visual Art, she was the winner of the Dior Photography Award for Young Talents at the Rencontres d'Arles photography festival in 2019.

For this project, the photographer produced a series of shots that reveal the architecture of designs conceived by Christian Dior and his successors. They constitute a valuable testimony to her passion for art, which she constantly cultivates. Her striking, conceptual vision presents a novel tribute to Dior's savoir-faire and creative virtuosity.

The colours, materials and structure of each unique piece are revealed through Gangao Lang's lens, and beauty becomes a universal, complex language that transcends the purely visual dimension. It is thus the story of Dior's legacy that is told through the unique prism of this young woman, who embodies a new generation of fascinating artists.

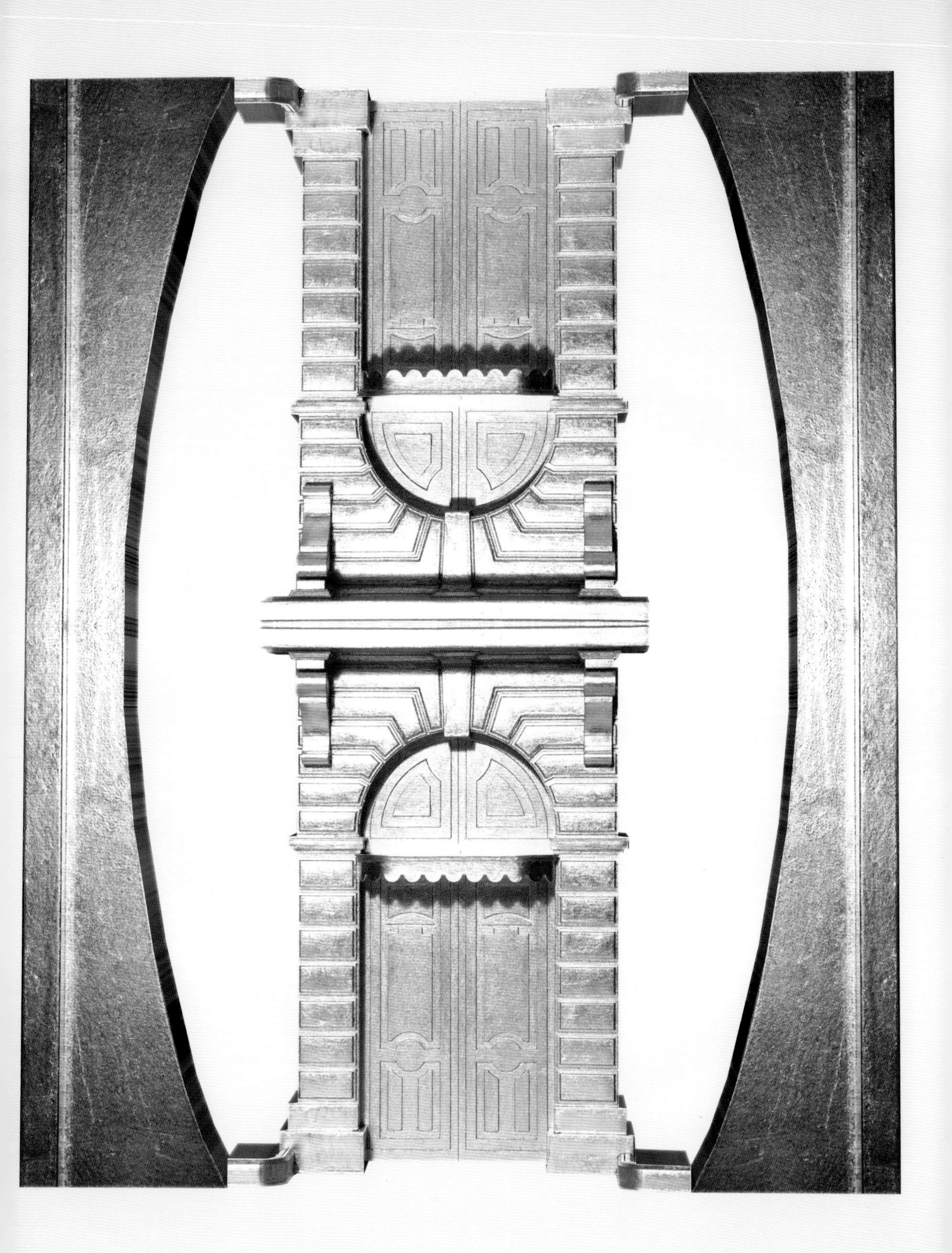

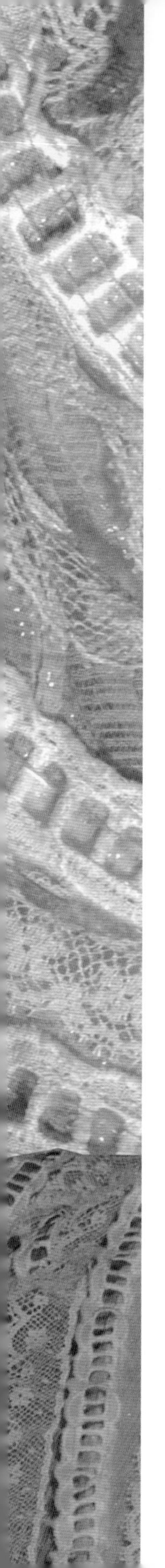

Lyra

Ser

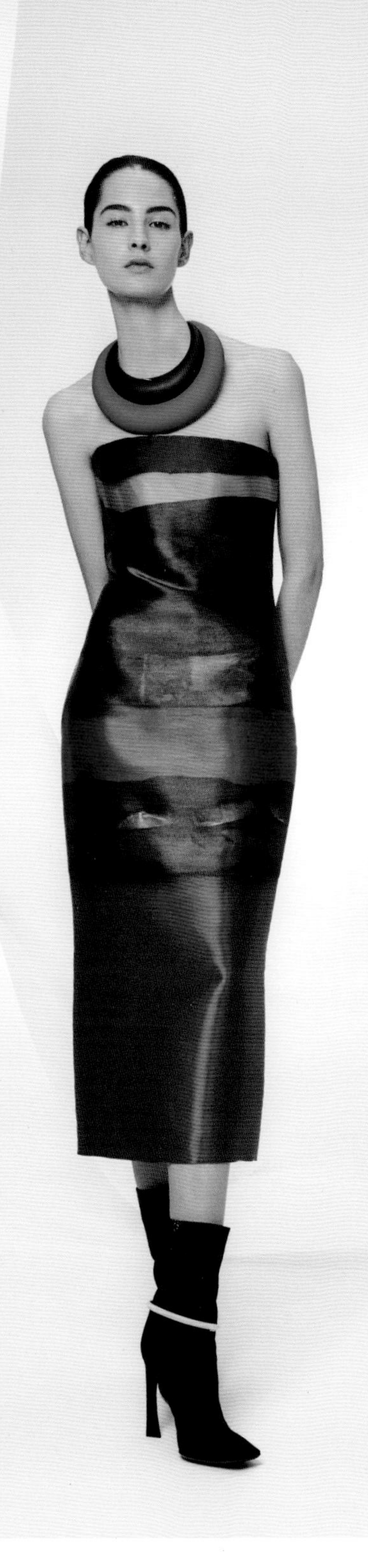

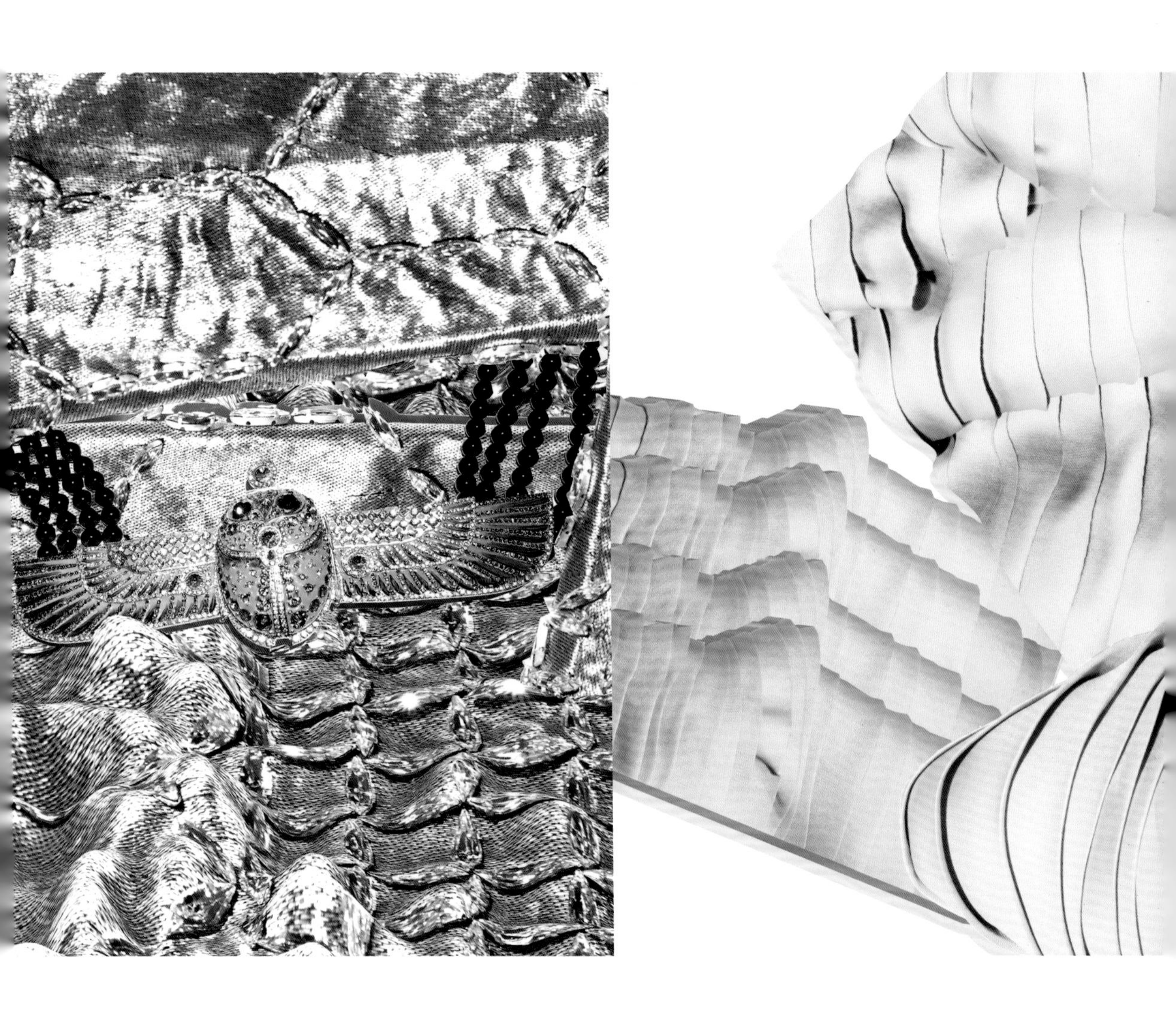

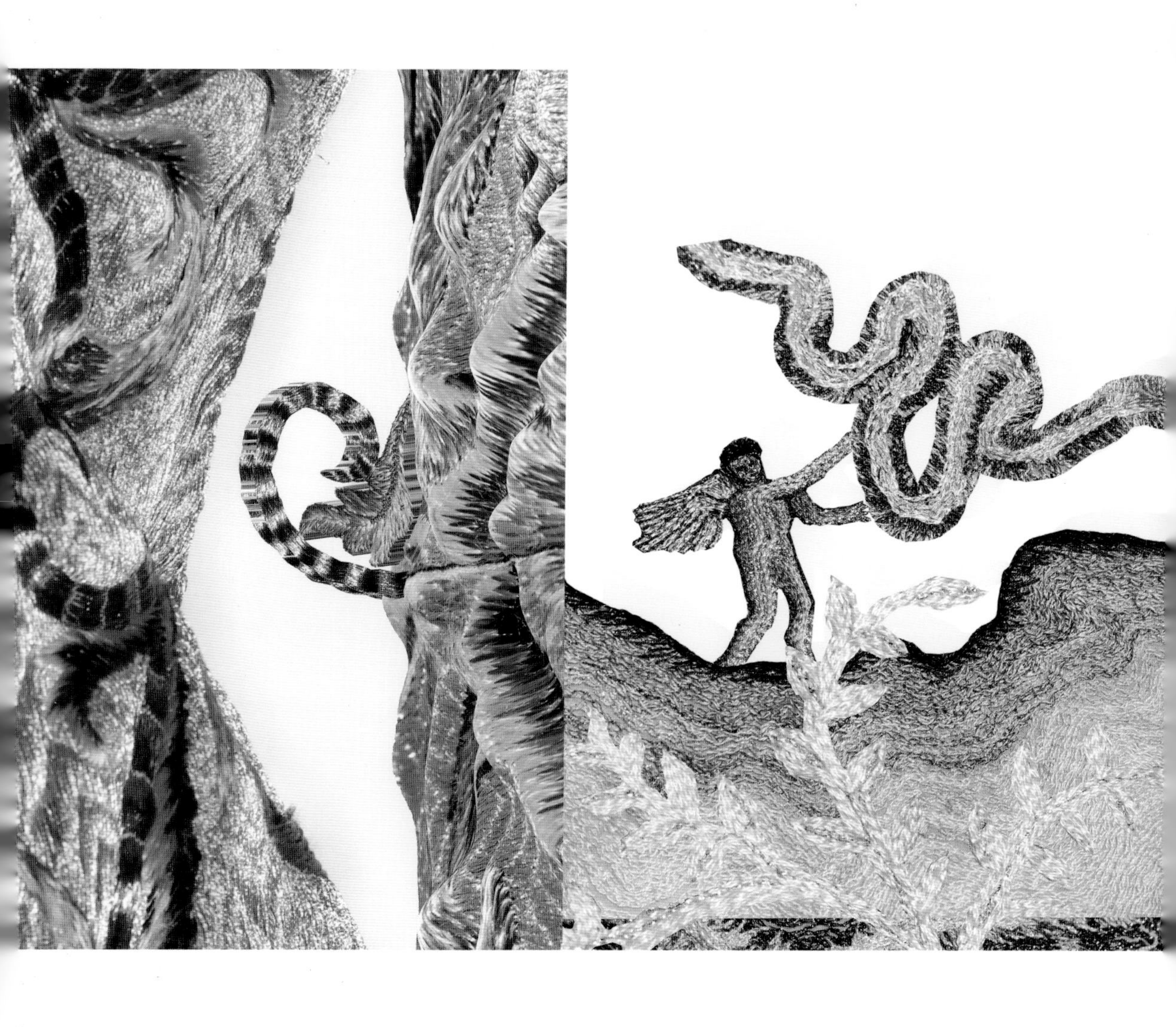

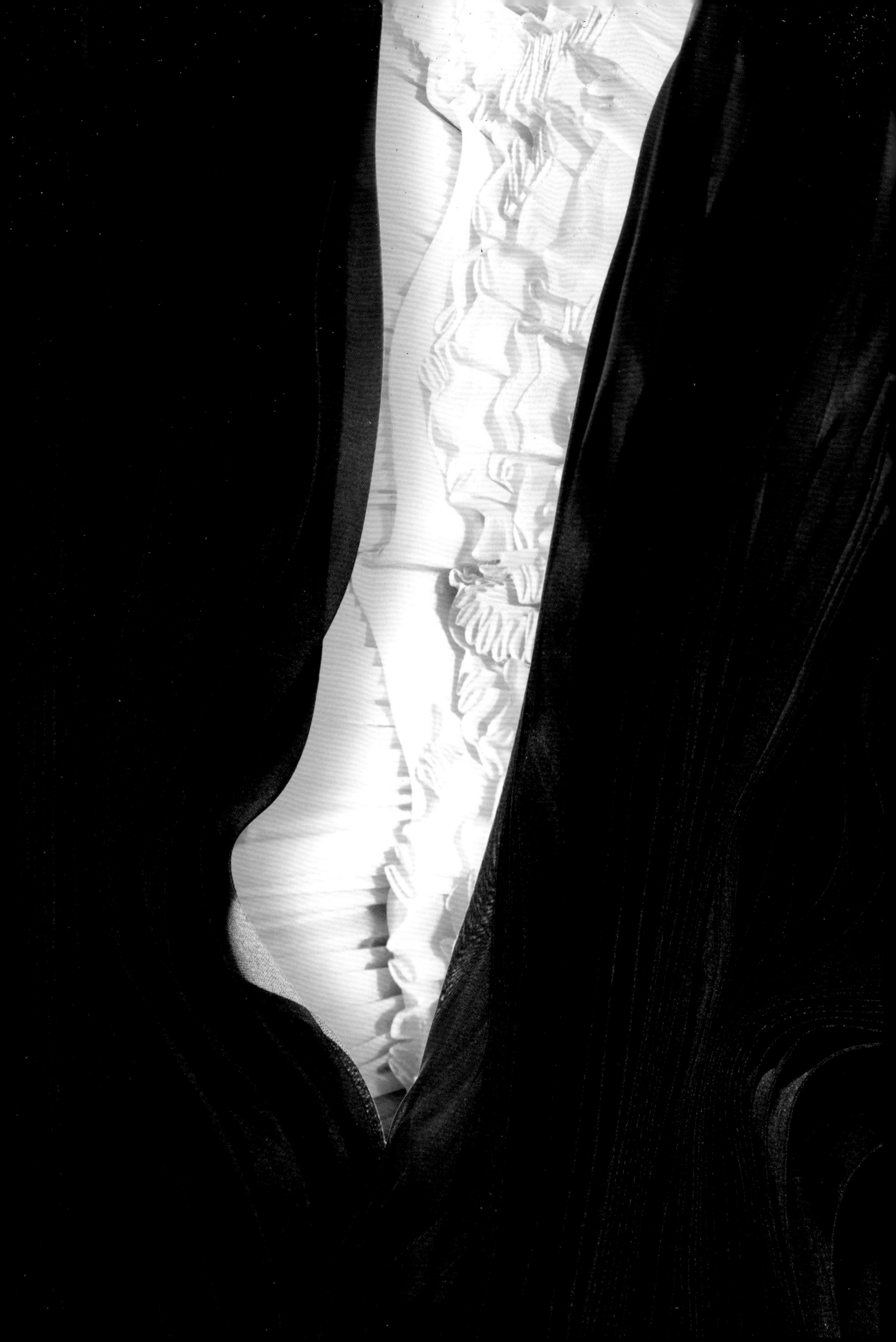

6. *Numéro 219*, Haute Couture, Autumn-Winter 2019, Christian Dior by Maria Grazia Chiuri

8. *Cantharis*, Haute Couture Spring-Summer 1995, *Extreme…* collection, Christian Dior by Gianfranco Ferré

11. *Alcée*, Haute Couture Spring-Summer 1997, Christian Dior by John Galliano

12. *L'Étoile céleste*, Haute Couture Autumn-Winter 2017, Christian Dior by Maria Grazia Chiuri

15. *Essence d'herbier*, Haute Couture Spring-Summer 2017, Christian Dior by Maria Grazia Chiuri

16. *Zurbarán*, Haute Couture Autumn-Winter 1960, *Souplesse, Légèreté, Vie* collection, Christian Dior by Yves Saint Laurent

18. (left) *Disney*, Haute Couture Autumn-Winter 1989, *Ascot–Cecil Beaton* collection, Christian Dior by Gianfranco Ferré

(right) Haute Couture Autumn-Winter 2010, Christian Dior by John Galliano

19. (left) Haute Couture Autumn-Winter 2013, Christian Dior by Raf Simons

(right) Haute Couture Autumn-Winter 1999, Christian Dior by John Galliano

21. Haute Couture Autumn-Winter 2013, Christian Dior by Raf Simons

22. Haute Couture Autumn-Winter 1986, Christian Dior by Marc Bohan

25. *Numéro 29*, Haute Couture Autumn-Winter 2018, Christian Dior by Maria Grazia Chiuri

27. *Roxane*, Haute Couture Autumn-Winter 1952, *Profilée* line, Christian Dior

28. *Amour soleil*, Haute Couture Spring-Summer 2018, Christian Dior by Maria Grazia Chiuri

30. (left) Haute Couture Autumn-Winter 2012, Christian Dior by Raf Simons

(right) Haute Couture Autumn-Winter 1969, Christian Dior by Marc Bohan

31. (left) Haute Couture Spring-Summer 2008, Christian Dior by John Galliano

(right) *Ombres et lumières*, Haute Couture Spring-Summer 1992, *In Balmy Summer Breezes* collection, Christian Dior by Gianfranco Ferré

32. (left) Haute Couture circa 1960, Christian Dior by Yves Saint Laurent

(right) Christian Dior Boutique, circa 1960, Christian Dior by Yves Saint Laurent

35. *Marquise masquée,* Haute Couture Spring-Summer 1998, *A Poetic Tribute to the Marquesa Casati* collection, Christian Dior by John Galliano

37. *Cœurs d'Amadou,* Haute Couture Autumn-Winter 1995, *Tribute to Paul Cézanne* collection, Christian Dior by Gianfranco Ferré

38. *Chicago*, Haute Couture Autumn-Winter 1960, *Souplesse, Légèreté, Vie* collection, Christian Dior by Yves Saint Laurent

40. *Fugue*, Haute Couture Spring-Summer 1991, *Rendez-vous d'amour* collection, Christian Dior by Gianfranco Ferré

41. *Disney*, Haute Couture Autumn-Winter 1989, *Ascot–Cecil Beaton* collection, Christian Dior by Gianfranco Ferré

43. *Antinéa*, Haute Couture Spring-Summer 1965, Christian Dior by Marc Bohan

44. (left) *J'adore*, 2017, Exceptional edition designed by Victoire de Castellane, in Baccarat crystal, the neck ornamented with an 18th-century-inspired "Fontange" bow in rose gold, silver and diamonds

(right) *J'appartiens à Miss Dior* bottle, 1952, Limited edition of *Miss Dior*, initially intended to be called "Parfum de Bobby" in tribute to Christian Dior's pet dog

Diorissimo, 1956, Exceptional edition in clear Baccarat crystal, designed by Christian Dior: gold-plated bouquet stopper

45. (left) Dress worn by Charlize Theron for *J'adore*, Haute Couture 2018, Christian Dior by Maria Grazia Chiuri

(right) *J'adore*, 2017, Exceptional edition designed by Victoire de Castellane, in Baccarat crystal, the neck ornamented with an 18th-century-inspired "Fontange" bow in rose gold, silver and diamonds

47. Haute Couture Spring-Summer 2019, Christian Dior by Maria Grazia Chiuri

48. Haute Couture Spring-Summer 2015, Christian Dior by Raf Simons

51. *Dolly*, Haute Couture Autumn-Winter 2005, Christian Dior by John Galliano

52. (left) Haute Couture Spring-Summer 2004, Christian Dior by John Galliano

(right) *Bon-Nee-San*, Haute Couture Spring-Summer 2007, Christian Dior by John Galliano

53. *(left) Numéro 51*, Haute Couture Autumn-Winter 2018, Christian Dior by Maria Grazia Chiuri

(right) *Royaume d'amour*, Haute Couture Autumn-Winter 2017, Christian Dior by Maria Grazia Chiuri

55. Haute Couture Spring-Summer 2008, Christian Dior by John Galliano

56. *Jardin Baroque*, Haute Couture Spring-Summer 2017, Christian Dior by Maria Grazia Chiuri

57. Haute Couture Autumn-Winter 1967, Christian Dior by Marc Bohan

59. *Rêve infini*, Haute Couture Spring-Summer 2017, Christian Dior by Maria Grazia Chiuri

60. *Bar*, Haute Couture Spring-Summer 1947, *Corolle* line, Christian Dior

6. “219 号”，二〇一九年秋冬高级订制系列
克里斯汀・迪奥 – 玛丽亚・嘉茜娅・蔻丽

8. “花萤”，一九九五年春夏高级订制
“极端”系列
克里斯汀・迪奥 – 吉安科罗・费雷

11. “阿尔西”，一九九七年春夏高级订制系列
克里斯汀・迪奥 – 约翰・加里亚诺

12. “天上的星星”，二〇一七年秋冬高级订制系列
克里斯汀・迪奥 – 玛丽亚・嘉茜娅・蔻丽

15. “草木精华”，二〇一七年春夏高级订制系列
克里斯汀・迪奥 – 玛丽亚・嘉茜娅・蔻丽

16. “苏巴朗”，一九六〇年秋冬高级订制
“轻柔生命”系列
克里斯汀・迪奥 – 伊芙・圣・洛朗

18. 左：“迪斯尼”，一九八九年秋冬高级订制
“皇家赛马会 – 塞西尔・比顿”系列
克里斯汀・迪奥 – 吉安科罗・费雷

右：二〇一〇年秋冬高级订制系列
克里斯汀・迪奥 – 约翰・加里亚诺

19. 左：二〇一三年秋冬高级订制系列
克里斯汀・迪奥 – 拉夫・西蒙

右：一九九九年秋冬高级订制系列
克里斯汀・迪奥 – 约翰・加里亚诺

21. 二〇一三年秋冬高级订制系列
克里斯汀・迪奥 – 拉夫・西蒙

22. 一九八六年秋冬高级订制系列
克里斯汀・迪奥 – 马克・博昂

25. “29 号”，二〇一八年秋冬高级订制系列
克里斯汀・迪奥 – 玛丽亚・嘉茜娅・蔻丽

27. “罗克珊”，一九五二年秋冬高级订制
“流线型”系列
克里斯汀・迪奥

28. “爱之日”，二〇一八年春夏高级订制系列
克里斯汀・迪奥 – 玛丽亚・嘉茜娅・蔻丽

30. 左：二〇一二年秋冬高级订制系列
克里斯汀・迪奥 – 拉夫・西蒙

右：一九六九年秋冬高级订制系列
克里斯汀・迪奥 – 马克・博昂

31. 左：二〇〇八年春夏高级订制系列
克里斯汀・迪奥 – 约翰・加里亚诺

右：“光与影”，一九九二年春夏高级订制
“在夏日芳香的微风中”系列
克里斯汀・迪奥 – 吉安科罗・费雷

32. 左：一九六〇年代高级订制系列
克里斯汀・迪奥 – 伊芙・圣・洛朗

右：一九六〇年代克里斯汀・迪奥精品店系列
克里斯汀・迪奥 – 伊芙・圣・洛朗

35. “蒙面的侯爵夫人”，一九九八年春夏高级订制“向卡莎第侯爵夫人诗意地致敬”系列
克里斯汀・迪奥 – 约翰・加里亚诺

37. “火绒心”，一九九五年秋冬高级订制
“向保罗・塞尚致敬”系列
克里斯汀・迪奥 – 吉安科罗・费雷

38. “芝加哥”，一九六〇年秋冬高级订制
“轻柔生命”系列
克里斯汀・迪奥 – 伊芙・圣・洛朗

40. “赋格”，一九九一年春夏高级订制
“爱之约”系列
克里斯汀・迪奥 – 吉安科罗・费雷

41. “迪斯尼”，一九八九年秋冬高级订制
“皇家赛马会 – 塞西尔・比顿”系列
克里斯汀・迪奥 – 吉安科罗・费雷

43. “安缇内阿”，一九六五年春夏高级订制系列
克里斯汀・迪奥 – 马克・博昂

44. 左：迪奥真我香水，二〇一七年
维多利娅・德卡斯特兰设计的特别版，
采用巴卡拉水晶制造，瓶颈处玫瑰金、银、
钻石芳登蝴蝶结设计。

右：“我属于迪奥小姐”香水瓶，一九五二年
迪奥小姐香水限量版，最初曾设想以迪奥先生的爱犬鲍比命名其为“鲍比的香水”以此纪念它。

Diorissimo 香水，一九五六年
巴卡拉浅色水晶特别版，由迪奥先生亲手设计，
瓶盖镀金花束设计。

45. 左：查理兹・塞隆为迪奥真我香水广告大片穿着的礼服裙，二〇一八年高级订制系列
克里斯汀・迪奥 – 玛丽亚・嘉茜娅・蔻丽

右：迪奥真我香水，二〇一七年
维多利娅・德卡斯特兰设计的特别版，
采用巴卡拉水晶制造，瓶颈处玫瑰金、银、
钻石芳登蝴蝶结设计。

47. 二〇一九年春夏高级订制系列
克里斯汀・迪奥 – 玛丽亚・嘉茜娅・蔻丽

48. 二〇一五年春夏高级订制系列
克里斯汀・迪奥 – 拉夫・西蒙

51. “多莉”，二〇〇五年秋冬高级订制系列
克里斯汀・迪奥 – 约翰・加里亚诺

52. 左：二〇〇四年春夏高级订制系列
克里斯汀・迪奥 – 约翰・加里亚诺

右：“宝尼桑”，二〇〇七年春夏高级订制系列
克里斯汀・迪奥 – 约翰・加里亚诺

53. 左：“51 号”，二〇一八年秋冬高级订制系列
克里斯汀・迪奥 – 玛丽亚・嘉茜娅・蔻丽

右：“爱的王国”，二〇一七年秋冬高级订制系列
克里斯汀・迪奥 – 玛丽亚・嘉茜娅・蔻丽

55. 二〇〇八年春夏高级订制系列
克里斯汀・迪奥 – 约翰・加里亚诺

56. “巴洛克花园”，二〇一七年春夏
高级订制系列
克里斯汀・迪奥 – 玛丽亚・嘉茜娅・蔻丽

57. 一九六七年秋冬高级订制系列
克里斯汀・迪奥 – 马克・博昂

59. “无穷梦幻”，二〇一七年春夏高级订制系列
克里斯汀・迪奥 – 玛丽亚・嘉茜娅・蔻丽

60. “迪奥套装”，一九四七年春夏高级订制
“花冠”系列
克里斯汀・迪奥

摄影师：郎港澳

Photography: Gangao Lang

摄影助理：桑德罗·沃尔普，玛雅·扎尔第

Photography assistants: Sandro Volpe, Maya Zardi

数码运营：克里斯蒂安·沃尔瓦特

Digital operator: Christian Horvath

化妆师：彼得·菲利普

Make-up: Peter Philips

化妆助理：爱勒第·巴拉，朱莉·加缪

Make-up assistants: Elodie Barrat, Julie Camus

发型师：克里斯蒂安·埃伯尔阿尔

Hair: Christian Eberhard

发型助理：克里斯托夫·帕斯泰尔

Hair assistant: Christophe Pastel

美甲师：马佳丽·桑则

Manicure: Magali Sanzey

造型设计：夏洛特·科莱

Styling: Charlotte Collet

模特：阿芙莉卡·佩纳维，张丽娜

Models: Africa Penalver, Lina Zhang

场景设计：撒米拉·萨尔米

Set design: Samirha Salmi

场景设计助理：玛丽·莫希约

Set design assistant: Marie Morsillo